手绘·意

马克笔园林景观手绘表现技法

MAKEBIYUANLIN JINGGUANSHOU HUIBIAOXIANJIFA

钟 岚 傅 昕 编著

北方联合出版传媒（集团）股份有限公司
辽宁美术出版社

图书在版编目（CIP）数据

手绘：意　马克笔园林景观手绘表现技法／钟岚，傅昕编著．--沈阳：辽宁美术出版社，2011.11
ISBN 978-7-5314-5019-1

Ⅰ．①手…　Ⅱ．①钟…　②傅…　Ⅲ．①景观-园林设计-绘画技法　Ⅳ．①TU986.2

中国版本图书馆CIP数据核字（2011）第228563号

出 版 者：北方联合出版传媒（集团）股份有限公司
辽宁美术出版社
地　　址：沈阳市和平区民族北街29号　邮编：110001
发 行 者：北方联合出版传媒（集团）股份有限公司
辽宁美术出版社
印 刷 者：沈阳市新友印刷有限公司
开　　本：889mm×1194mm　1/16
印　　张：9
字　　数：200千字
出版时间：2011年11月第1版
印刷时间：2013年6月第2次印刷
责任编辑：王　楠
封面设计：洪小冬　王　楠
版式设计：洪小冬　王　楠
技术编辑：徐　杰　霍　磊
责任校对：黄　鲲
ISBN 978-7-5314-5019-1
定　　价：56.00元

邮购部电话：024-83833008
E-mail:lnmscbs@163.com
http://www.lnpgc.com.cn
图书如有印装质量问题请与出版部联系调换
出版部电话：024-23835227

序

preface

设计手绘图与视觉意象的表达

>>> 图形是认识世界和记录思想最为直观的媒介，同时也是抒发情感和表达观念的有效手段，史前的壁画和象形文字充分显示了图形思维中的意象表达。在中外历史上，凡论述设计和传授技艺的著作，如《考工记》《营造法式》《建筑十书》等，无不通过文字表达加上图示辅助的方式来记载当时技师、匠人的技艺和法则，从而使过去的发明、创造、技术和工艺得以流芳百世。随着社会的发展、科学的细分，文字语言逐渐替代了图形成为记言记事和表情达意的工具。但是，科学研究证明，语言与直接的知觉经验密切相关，语言之所以成为思维的工具主要在于其所唤起的视觉意象。就艺术设计而言，任何创造性的设计思维过程，始终离不开对视觉形态的研究，视觉形态既作为设计思维的起点同时也是设计思维成果的最终体现。因此，视觉意象是艺术创作、艺术设计等视觉艺术的灵魂，而视觉意象往往必须通过完美的视觉形态体现。

>>> 设计手绘图是设计师研究视觉形态与实现功能目标完美结合的表现形式，是设计师记录和表达设计思维的一种特殊语言。设计师以各种简易的工具，快捷、直观、生动地表现设计的空间、比例、色调、材质和一些特殊的细节，包括设计草图、预想效果图、各部分细节分析图等。作为设计表达的一种语言，作为一种艺术表现形式，设计手绘图是每个设计师必须掌握的基本技艺。

>>> 设计手绘图是设计概念图像化的过程。提出设计创意并非设计师的专利，设计思维往往来自对生活和生产的观察研究，正如历史上大量的民居、工具、用品等，是世世代代的劳动人民在生产和生活中，经过无数实践和不断改进的结果。这些功能与造型完美结合的优秀设计也许从来就没有设计图纸。然而，在现代社会中，科学技术高度发展引导着生活方式的不断更新，很多人从不同的领域展开了对设计应该如何满足社会需求的研究和探讨，从技术、工艺、功能、销售以及环保节能等问题上，提出了很多创造性的思维和新的设计观念。在这个过程中，设计师的超人之长就在于能将设计的思维和概念转换为视觉形态，同时，设计师以特有的空间想象力，专业的表现技巧，将一般的视觉形态转变为功能与形式完美结合的设计形态。通过一系列技术和工艺的支持，使创造性的思维和新的设计观念最终成为现实。在设计

概念向视觉形态转化的过程中，设计手绘图担当了重要的角色，承载着设计师的价值。

>>> 设计手绘图以绘画的方法记录设计的构思。一幅优秀的设计手绘图，画面中的线条、色彩、笔触，自然地流露出了设计师在设计过程中所赋予的创作激情。设计手绘图虽然不同于绘画创作，但与绘画作品同样具有艺术价值。与画家相似的是设计师具备把握视觉形态的审美能力，以图形记录自己的创意，设计的过程充满着情感与理性、艺术与技术等思维的撞击。不同的是，对于设计师而言，设计手绘图本身并不是最终的成果，它仅仅是设计过程的开始，设计师更多考虑的是这个形态的最终完成形态，以及这个形态在成为现实的过程中如何解决各种功能、技术和经济等问题，这无疑是绘画作品与设计手绘图之间、艺术创作与艺术设计之间最根本的区别。

>>> 艺术设计的过程是视觉思维的过程，视觉意象作为设计师的想象性表象自始至终贯穿于艺术设计的创意思维过程中。艺术设计的过程又是设计师综合解决问题的过程，图形与概念、知觉与思维、感性与理性、功能与形式、艺术与技术以及投资与回报等矛盾始终在相互渗透、相互作用，在这诸多的矛盾体中寻找一个思想的汇合点，这个平衡与判断也许代表着每个设计师之间不同的设计风格和不同的价值取向。

>>> 如今，科技的发展给设计提供了更多的辅助手段，计算机的设计图示表达与传统的手绘相比显得更加精确和系统化，以致很多设计师越来越依赖电脑的操作而忽略了手绘的方式。必须肯定，设计手绘图不仅可以完整地表达设计的最终效果，而且在设计师思维过程中还起到了计算机无法替代的作用。因此，重新认识设计手绘图在计算机图像时代的存在价值，重新认识设计手绘图的表现意义，无疑是当代设计师值得思考的问题。

吴卫光

博士　广州美术学院教授

2011—09—09

目录
contents

第一章

概论

第一节　马克笔的种类及选择

一、马克笔的名称由来和种类

工欲善其事必先利其器，要想画好马克笔画首先要对马克笔和相关的绘图工具有一定的了解。

马克笔又称麦克笔、记号笔，由英文Marker音译而来。马克笔画通常用来快速表达设计构思以及设计效果图，是当前最主要的绘图工具之一。

马克笔有单头和双头之分，双头笔可绘制出粗细不同的线条。

按墨水属性马克笔又可分为水性、油性和酒精性。油性马克笔快干、耐水，而且耐光性相当好，色彩种类多，柔和不会伤纸，色彩稳定性强。这种笔性能虽好但气味刺激，有微毒，因此并不常见。

市面上的马克笔主流产品是酒精性马克笔。它以酒精为溶剂，笔迹用水无法洗掉。但是稳定性较差，色干后会有一定色差。一般是颜色会变得较浅。除追求特殊效果外，颜色未干时不宜叠色。

水性马克笔则是颜色亮丽且有透明感，但容易伤纸。用沾水的笔在上面涂抹的话，效果跟水彩一样，笔触明显，叠加时笔触效果比油性稍好，但也不宜叠加过多层。

双头马克笔的粗细线

马克笔的笔头

要去买马克笔时，一定要知道马克笔的属性跟画出来的感觉才行。马克笔在画具和设计用品店就可以买到，只要打开盖子就可以画。

油性（酒精性）马克笔和水性马克笔不宜混用，颜色容易画脏。本书中大部分的图画都是使用酒精性马克笔绘制。油性（酒精性）马克笔不但可以在非常光滑的材质上书写绘画，而且因为有机溶剂干后会在介质表层形成反光的薄膜，可以使颜色更显亮丽。

二、马克笔品牌选择

1.马克笔常见品牌

马克笔在国内可以买到几种牌子。日本MARVY（美辉）马克笔，价格9元左右，色彩偏艳。水性、酒精性都有。建议买笔杆是圆角三角形的酒精性马克笔，这种笔笔头大、出水流畅。

日本COPIC酒精性马克笔，快干，混色效果好，价格偏高，一支售价30元人民币左右。

韩国Touch马克笔是近两年的新秀，因为它有大小两头，水量饱满，颜色未干时叠加，颜色会自然融合衔接，有水彩的效果，而且价格便宜，大约10元一支。FANDI（凡迪），价格便宜，适合学生及初学者拿来练手。遵爵与凡迪类似。

2.马克笔挑选方法

买马克笔最好专注于一个品牌买，这样容易顺号补充颜色。TOUCH、MYCOLOR和FANDI的色卡类似，可以混用。不过近两年TOUCH很多仿冒品，两三块钱一支。色彩效果较差，与正版有色差，笔的寿命短，容易放干。但初学者可以先练手用，熟悉一下颜色再换正品。

如何挑选马克笔主要看以下几点：（1）衔接好：颜色未干时叠加，颜色会自然融合衔接，两笔画之间有细小缝线留白也会晕开自然衔接，这就是理想的衔接效果。（2）叠加好：颜色干透后，重复上色，色彩表现层次分明，这就是良好的叠加效果。（3）干湿态色差小：墨水在湿性形态和干透形态的颜色只有细微的深浅之别，没有色相之差，便于轻松达到最佳的理想效果。（4）出水流畅：在使用时，出水顺畅。感觉很干的笔不要买，这种笔一般是没保存好，很快就不能用了。

作者：钟岚　多色马克笔画

三、马克笔颜色选择

马克笔可选择的色彩很多，好的品牌都有上百种颜色，不需要全套买。而是要挑颜色买，常用的多买几支，不太常用的就不用买，或者少买点。一般画几张画后就会形成自己的用色习惯，色彩不需要太多。

为方便初学者，这里简单讲一下。灰色系是一定要买的。以TOUCH的色卡为例。可以选择CG，WG灰，隔号买。BG、GG的灰色可分深浅配两支。绘制园林景观绿色很重要，可多买几支，如42，43，47，48，49，58，59，55，150，175较常用。黄褐色系21，25，37，41，93，103。蓝紫色系75，76，84，144。红色2，9。以上色彩可以根据喜好调整，原则是每个色系至少深浅各一支，有经济实力多买的时候也可以隔号买，尽量选偏灰的颜色。

第二节　马克笔的特点与表现类型

一、马克笔的特点

马克笔快速表现技法是一种既清洁且快速，又有效的表现手段。用马克笔作画有很多其他画笔和颜料所不具备的优势。

1.快速高效

由于其笔号的多而全（需强调的一点是马克笔因品牌的不同笔号亦不同），在使用的时候不必频繁地调色，因而非常的快速。马克笔笔头规整易于排线，成块面作画效率很高。墨水易干，节省等候时间。快题考试首选马克笔表现。

2.便于携带

马克笔轻巧方便，易于携带。而且作画时不需调色洗笔，清洁快干，适应在小空间里、室外环境或站立作画。它对画纸要求也不高，便于课堂交流方案和设计师与业主间的沟通。

3.易于掌握

由于不需调色，笔触也比较方正，马克笔绘画上手对绘画者的美术功底要求不高。完全没有绘画基础的人都可以用马克笔绘制出一些非常漂亮的区块流线分析图。

作者：钟岚

二、马克笔的表现类型

1.马克笔绘画按使用颜色可分为：

（1）单色画

只用不同灰度的马克笔表现明暗体积，不用其他颜色。有时也在灰色调中搭配一种比较明亮的颜色，形成画面。这种画法颜色容易掌握，但线稿要画得比较充分。

（2）多色画

反映景观原本的色彩，运用多种颜色绘制，但色调上还是要保持统一。多色画较难掌握，不可用色太艳。用多种颜色马克笔绘制园林景观，要掌握好色相、明度相同的绿色的搭配。

作者：钟岚　多色马克笔画

作者：钟岚　单色马克笔

作者：钟岚　多色马克笔画

2. 马克笔绘画按所用时间可分为：

（1）快图

作画时间很短，表现景观的大效果。通常只绘制大的分割线和一些大色块。

作者：钟岚　快图

作者：钟岚　快图

作者：江涛　快图

（2）慢图

重视完成效果，力求真实感，表现真实的材质和光感，反复叠色。细节勾画仔细。

作者：钟岚　慢图

作者：钟岚

3.马克笔绘画按绘制颜色与线的主次分为：

（1）线描为主的图

画面上更起作用的是钢笔或针管笔勾出的线条。往往在勾线阶段就分好了明暗效果。马克笔上色也只是浅色平涂块面或勾一些稀疏的线条。大面积留白。速写好的人和马克笔初学者建议学习这种风格，易出效果。

作者：傅昕　勾线为主的马克笔画

作者：傅昕　勾线为主的马克笔画

（2）铺色为主的图

上色较深。勾线细，用线少。用色较多，色彩层次感强。用于效果图表达，绘制时间长。材质和光感表现好。需要长时间练习。

作者：钟岚

作者：钟岚　铺色为主的马克笔画

4.马克笔绘画按绘画目的可分为：

（1）写生、现场记录

写生的马克笔画比较有画味。常找一些破旧的场景入画。适宜于开始学画者练手。初学者想要快速提高可以临摹一些别人的写生作品。做设计的人也可用马克笔做现场记录。

作者：王向军　写生

作者：王向军　写生

作者：王向军　写生

（2）快题设计

一般适用于考试。在4～8小时时间内完成命题设计，包括绘制平立面和立体效果图。快题设计在高考、考研和设计院录取考试中都很常用。马克笔绘制出的试卷用时少，颜色抢眼，极能体现马克笔的优势。

（3）方案设计

设计方案重在表达设计思路。画面干净，有设计感，画味和情趣一般弱于写生，但也别有自身特长。需要透视准确，表达清晰，一定程度上要反映所设计景观的实际色彩和质感。有时可以直接连线标注材料和设计说明。绘制时间长的马克笔方案设计也可以作为效果图使用。

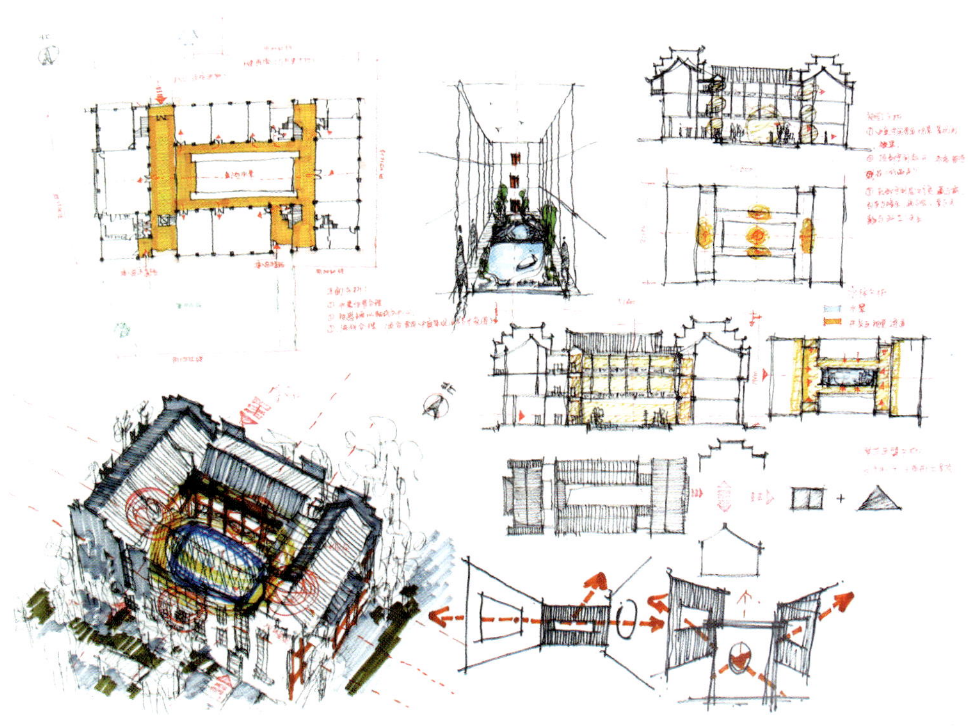

广商top小组设计分析图1

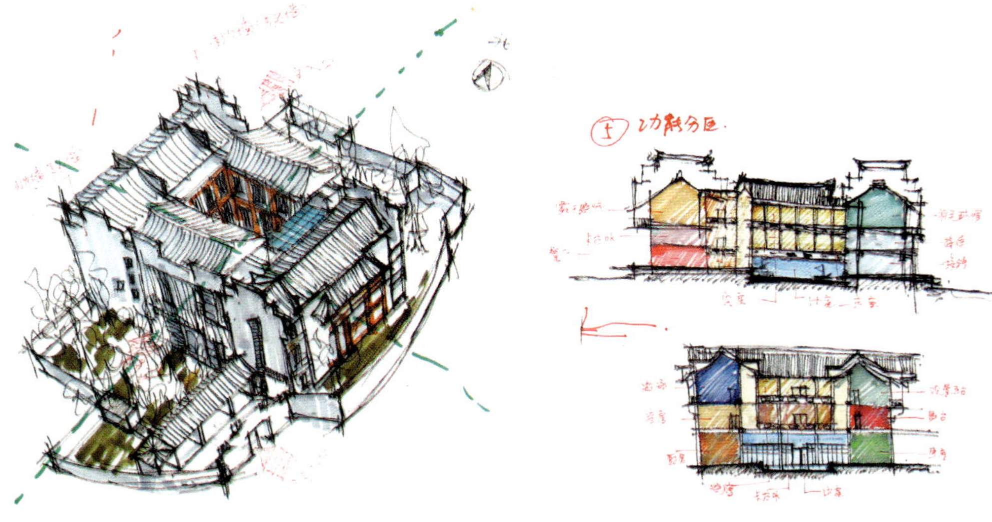

广商top小组设计分析图2

D-06 廊桥遗梦/激流勇进

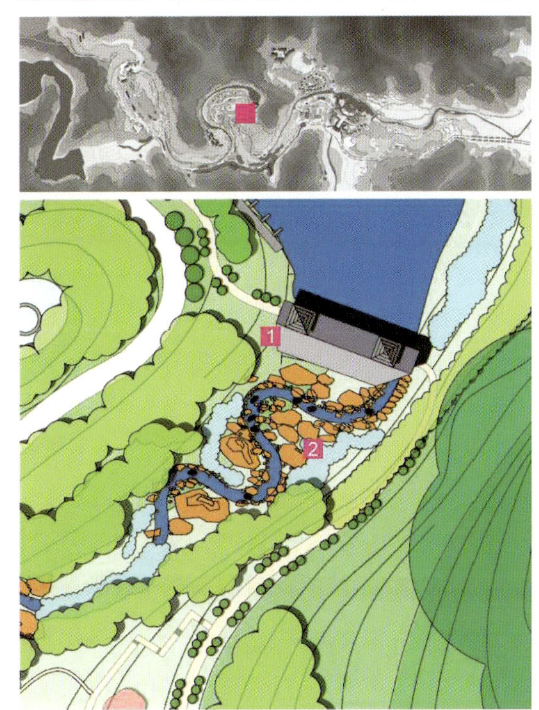

作者：陈哲蔚　向阳湖漂流

D-08 闲情飞瀑

作者：陈哲蔚　向阳湖漂流

D-10 相思小驻

作者：陈哲蔚　向阳湖漂流

第三节 其他辅助工具及材料

一、绘制用纸

只要不是太易洇的纸都可以。绘图纸（或道林纸），80克打印纸，硫酸纸（拷贝纸）都是常用绘制用纸。硫酸纸最好用油性（酒精性）马克笔绘制，因为油性（酒精性）马克笔不易引起纸面变形。硫酸纸（拷贝纸）可拷贝底图，吃色少，上色会比较灰淡，渐变效果难以绘制。硫酸纸绘图时可以用很大的图幅。

复印纸价格便宜，性价比高。渗透性适中，不能承担多次运笔。本书中的大部分图纸都是绘制在80克打印纸上的。A4、A3是常用大小。

绘图纸渗透性大一些，图幅可以画得更大。价格较贵，可多次运笔，可绘制一些精品时用。

渗透性更强的纸比如水彩纸，需要追求特殊效果时可以尝试。但这种纸吃色太厉害，笔触不好控制，色彩饱和度略高，非常耗笔。

马克笔绘制透视图效果图可用不透明的色纸，色纸的底色可以被视为"基色"，适当添加亮色和重色即可完成。马克笔适用于画重色部分。亮部用水粉或其他有覆盖性的颜色提亮。

也有专业的马克笔绘图纸卖，价钱比较贵，没有必要非要用。

二、勾线笔

铅笔稿用2B中华牌铅笔。针管笔和黑色灌水钢笔、美工笔都可以。樱花牌一次性针管笔效果较好。灌水钢笔能画出粗细变化，比较容易出画味。但需要有一定速写功底。钢笔线粗，上色时应配合淡彩。针管笔上手容易，线条细易于突出色彩，要上色功底好。

有些马克笔绘画纯以马克笔绘制，亦有佳作，但难度较大。

三、辅助工具

橡皮，双面刀片（刮图用），胶带纸。三角钉：固定图纸比胶带纸更快，而且也便于取换。裁纸刀，削笔器，涂改液等。

作者：钟岚

第四节 马克笔画与水彩和彩铅画的对比

水彩画与马克笔的画面效果很接近，但画面颜色上要整体偏灰，画面感觉更满一些。这里说的水彩是需要用水彩笔蘸水彩颜料绘制的传统水彩，而不是一次性的水彩笔（所谓的一次性的水彩笔实际上是一种水性马克笔，中小学绘画课会用到）。水彩的色彩和笔触与马克笔相比更富于变化，但调色比较困难。且调色水彩需要绘制在专用的水彩画纸上，并要将画纸四边裱好才能开始绘画。纯水彩多用于传统写生。

作者：王少斌　水彩

作者：王少斌　水彩

作者：王少斌　水彩

作者：王少斌　水彩

作者：王少斌　水彩

彩铅绘制的景观整体明度会比较高，对比度较弱，但颜色衔接柔和，变化丰富。彩铅常与马克笔混合使用，彩铅可以使颜色的过渡更真实，而马克笔又能使画面更明快并加快绘画速度。

作者：钟岚　彩铅与马克笔混合使用

作者：陈哲蔚　彩铅景观效果图

作者：陈哲蔚　彩铅与马克笔混合使用景观效果图

作者：陈哲蔚　水彩与彩铅混合使用效果图

水彩、马克笔和彩铅可以同时混合使用。但要注意使用的顺序，否则会出现颜色无法覆盖的情况。一般来说可以先用水彩，再用马克笔，最后用彩铅。当然在画面基本完成后，可以再视画面情况添加深色或用白笔、涂改液等画具提出高光。

第二章

学习手绘表现技法的基本准备

第一节 点、线、面的特点及运用

一、马克笔画点

除了排线外还可运用点笔、跳笔、晕化、留白等方法，需要灵活使用。

画树叶时笔触短而具有跳跃性

树干适当留白更有立体感

作者：钟岚

点状笔触画草，纸边大面积留白。有反光的地板需垂直用笔，高光处留白。阴影处等基本干后再画一遍做强调。

二、马克笔排线

用马克笔表现时，笔触大多以平行排线为主，有规律地组织线条的方向和疏密，有利于形成统一的画面风格。排平行线时可以后一根线压一点前面的线，使其形成肌理。这时用笔要慢，要等前一笔干了再画后一笔才能显现叠加效果。如果排平行线时用笔较快笔触会融合在一起，形成整面，大面积铺色时可用这种方式。

快速铺面

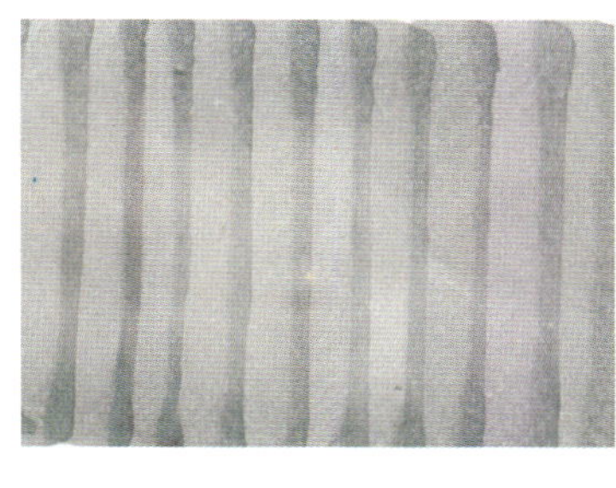

慢速画，后一根线压前面的线

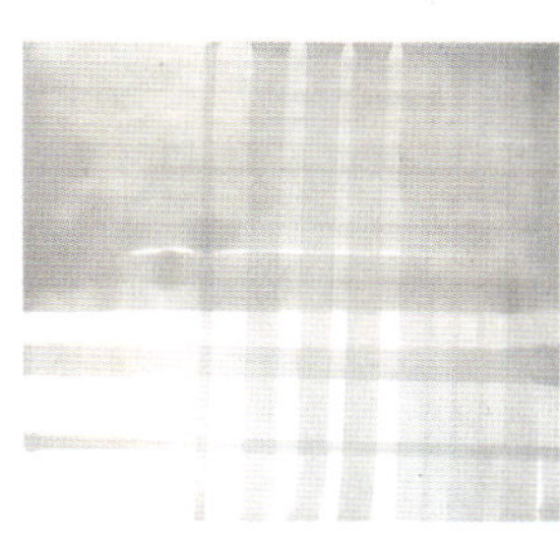

90° 叠加

马克笔的排线应与钢笔勾的墨线风格一致。墨线是手绘的，马克笔的排线也应手绘，可以画得轻松一些。墨线是尺规绘制的，马克笔的排线也应用尺规绘制。这样整体的画面效果才会一致，边界也好处理。

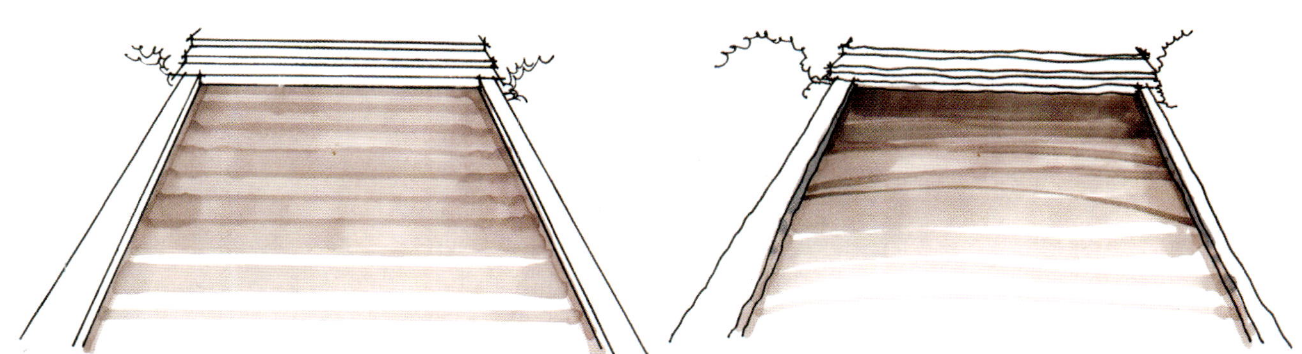

马克笔的排线风格应与墨线绘制风格相一致

三、马克笔画面

用粗笔头不留缝隙的排线可以很容易地绘制块面。但因为马克笔的笔宽是有限定的，所以非常大面积的平涂绘制会比较费力，所以面积大的时候要适当留白，或从密集平涂的深色面过渡到稀疏的浅线。也可用水彩与马克笔结合画大面。

因为马克笔画面的局限，在墨线分面时应将面分得适中，才适合马克笔上色。如果分面实在是太大，又不准备留白，则要寻找细节，将面分化。如地面分出地砖的分割线，墙面画出砖缝等。画完后还可根据分隔线用颜色相近的马克笔或彩铅补充一下，使大面中更有细节。

大面积的墙面和地面可细分

用尺规排面可以用45°左右的角度交叉排线，用笔要比较慢。这样可以形成自然的地砖分割线。画完以后还可以按分隔用较深的马克笔和彩铅进行勾画，可以使细节更丰富。注意彩铅一定要在马克笔画完后再用。否则会影响马克笔上色效果。

交叉排线可形成地砖分隔

马克笔的排线和点笔在使用时需要有很强的自信。这样才会有很到位的笔触。力度和潇洒是马克笔效果图的魅力所在。我们学习一些技巧是为了忘记技巧，达到信手拈来的地步，不用特意计较排线，笔触反而流畅自然，显现大师风范。

第二节　光影和分面

一、光影的作用

明暗、光影的对比是形象构成的重要手段。明暗关系是因光线的作用而形成。光影效果可帮助人们感受对象的体积、质感和形状。如果没有阴影，在二维平面图中，便失去了对象的立体感。利用光影的衰落现象还可以表现对象的空间特性。人的视觉对明、暗高反差最为敏感。绘图时图面中心和前面的物体明暗对比强，后面则弱。在绘制马克笔表现图时，作者动笔前务须细致地分析被表现的对象的特点，选择最能反映对象空间特征的光影效果关系。

在马克笔画中勾线和上色都可以表现出明暗关系。就线条的表现特性而言，细而疏的线条常表现受光面，粗而密的线条则表现背光和阴影面。而上色时则要配合勾线的节奏来画，暗面颜色深，灰面颜色浅，亮面要注意留白。

勾线和马克笔上色都可以表现出光影效果

用马克笔画完较深的颜色后，可以用彩铅、白颜料和蜡笔提亮，表现光感。马克笔绘制显得比较平的面也可以再加彩铅，画出阴影渐变效果。

用彩铅加强地板的反光

二、马克笔分面

只要是有体感的物体都可以用马克笔分黑、白、灰三个面来绘制。马克笔宜于绘制块面的特性使它能很好地表达几何体块的立体感。分面绘制时可遵从一定的规律，如从亮面画到暗面，从浅色逐渐加深。绘制黑白体面先用CG1画亮面，可以适当留白。灰面用CG2绘制，干后在转折面用同色加两笔，加强后退感。暗面用CG4平涂，干后用CG5加强明暗交界线。最后画上阴影。

彩色的分面也相似。红色体块的亮面用RP9号、灰面用7号马克笔、暗面用5号笔。绿色体块可用174号，灰面用48号马克笔、暗面用47、46号笔。蓝色体块亮面用185号、灰面用66号马克笔、暗面用70、62号笔。

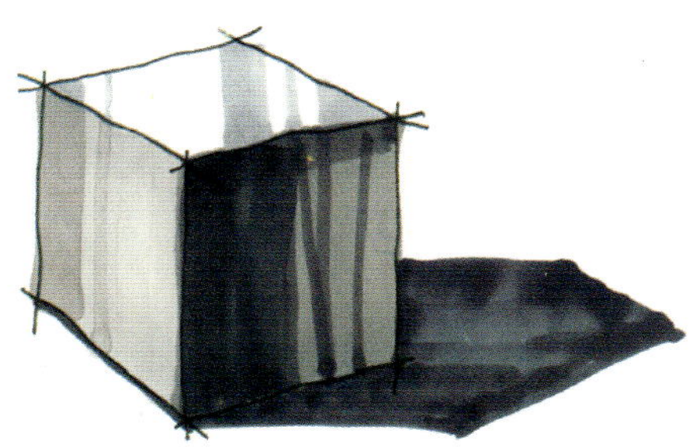

灰色马克笔分面步骤

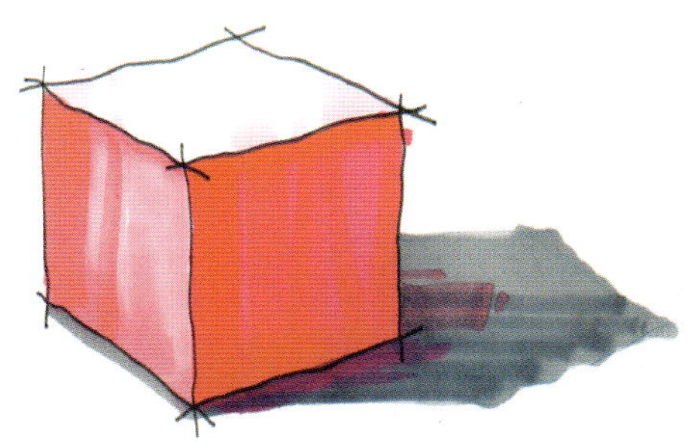

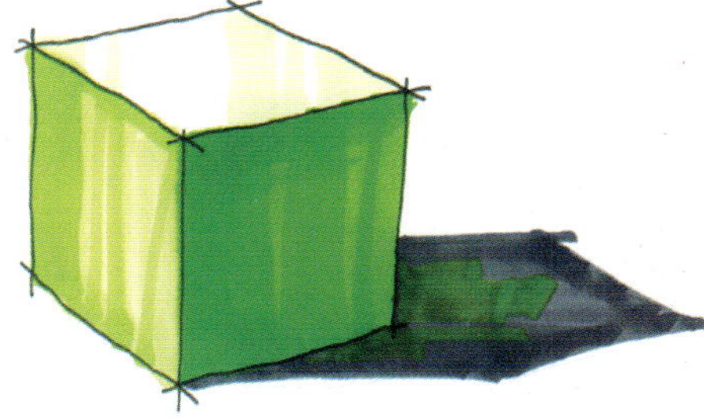

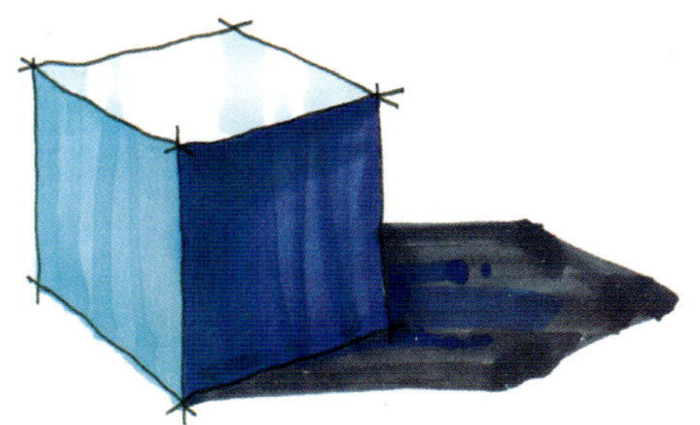

彩色马克笔分面

第三节　色彩搭配

一、色彩搭配

1.颜色不要用太多种，有的颜色可以夸张，以突出主题，使画面有冲击力，吸引人。

2.太艳丽的颜色不要用太多，应以中性色调为宜。要把画面色调统一起来。绘制时颜色不要重叠太多次，会使画面变脏。必要的时候可以少量重叠，以达到更丰富的色彩变化。

3.单纯地运用马克笔，难免会留下不足。马克笔没有的颜色可以用彩色铅笔、水彩等补充，也可用彩铅来缓和笔触的跳跃，不过还是提倡强调笔触。有时用酒精作再次调和，画面上会出现神奇的效果。

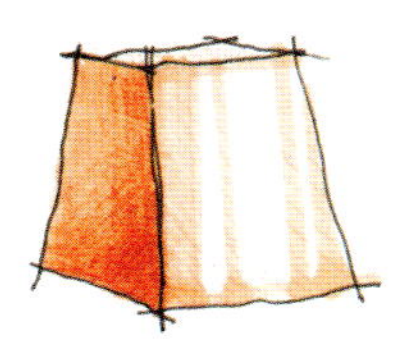

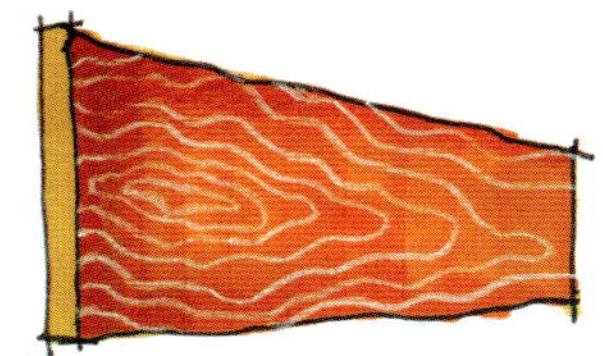

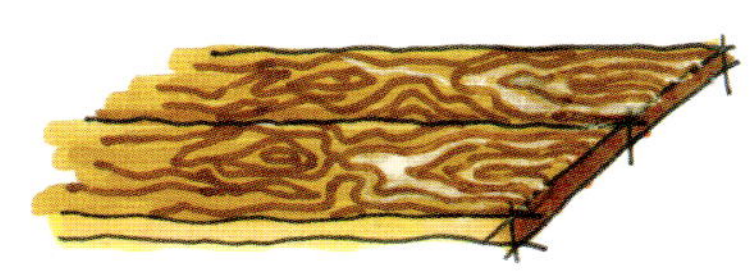

马克笔上完后用彩铅绘制细节

4.如果用色比较多，需要做一张色卡来帮助自己找颜色。把可以互相调和的同色相的一组深色按明度深浅归纳在一起。

二、灰度作画

实在掌握不好多色或要追究特殊效果的时候，可以先用冷灰色或暖灰色的马克笔将图中基本的明暗调子画出来。在局部添加上接近的色彩或用彩铅加色。

因为要叠色上去，在运笔过程中，用笔的遍数不宜过多。在第一遍颜色干透后，再进行第二遍上色，而且要准确、快速。否则色彩会渗出而形成混浊之状，而没有了马克笔透明和干净的特点。

马克笔不具有较强的覆盖性，淡色无法覆盖深色。所以，在给效果图上色的过程中，最好先上浅色而后覆盖较深重的颜色。

第四节　构图与取景

绘画应当讲究画面的布局。通过布局的技巧使得画面章法井然，主题突出。一般来说，园林景观手绘作品应有一个主景作为画面的主体。主体宜靠近画面中心，但不要顶在正中间，一般稍稍偏右构图会比较好看。从三分法来看，中心接近交点则符合黄金分割的构图原则。构图画面如果出现分界线（如水与天、天与地的分界线）的，尽量不要把分界线放在正中，除非是要画倒影等特殊情况。

当然画面的对称性也很重要，但对称与韵律要结合好。不对称构图会产生不稳定感，让画面气氛紧张，或者重心偏移，使观者产生不安和急迫感。对称构图，比较符合传统的审美，画面安定，视觉心理舒服，但也会造成画面的平淡和普通。

主景稍稍偏右构图会比较好看，但不能失去平衡。重心最好设在黄金分割点上。

作者：钟岚
主景稍稍偏右，重心接近黄金分割点的构图方式是一种比较稳妥的构图办法。

作者：钟岚
纪念性质景观或要表达非常庄重的氛围，可考虑将主景放在正中，并且两边景物对称。但构图上还是会显得僵硬，在周边景观的搭配上要使重心稍稍偏移。

作者：钟岚　完全对称的构图会使画面呆板，只在画特殊形式的小景观时使用。

作者：钟岚
天空与地面的两块方形成构图的呼应，顶角的地方削去一块使对称中又有变化。

构图中有一些隐性格式，如环形构图、放射式构图和画框式构图等。取景时要善于利用这些格式，可以使构图更有特色。

画面的构图也不能只有主景，还要安排主次。划分出近景、中景、远景。使构图丰富生动有层次感。室外景观常以画花草、石块为近景，树木、景观小品为中景，远山、天空为近景，一般由近景到远景逐层减少笔墨。但有时为突出设计，也会虚化前景，着重表现设计出彩的地方与画面的中心部分。

作者：钟岚
一点透视可以形成自然的放射式构图，灯具的光加强了这种放射感。

作者：钟岚　红酒和坐椅是前景，水池和棕榈树是中景，远山为远景。前景着墨多，远景需带过。

作者：钟岚　利用门做框景，构图稳定而有特色。

纸边是四方的，但构图时不要将纸撑得太满，要适当留白。国画中的留白就是一种构图艺术，可以增加图画整体的美观和意境。有时还可以适当地破一下完整的方形，赋予构图变化感觉会更好。不完整构图有时也会出现特别精彩的效果，但弄不好则会造成主体不突出。

作者：钟岚　倾斜的顶棚和留白打破了呆板的四方形构图。

作者：钟岚　圆形的收边使画面有了曲线变化，但中心有些不够突出。

构图时可以设置视觉导入线，将视觉吸引到画面中心。如小桥、小径。如果画面比例不明，可以绘制参照物。园林景观画中，一般以人为参照物。

作者：钟岚　人可以作为参照物和前景。

作者：钟岚　小桥作为画面的前景和引导线。

构图与取景的理论和技巧很多，但这些理论和技巧都不是死的。不同的景观适用于不同的构图，要活学活用。根本上还是要以提高审美修养为主。平时要多尝试不同的构图方法。

第五节　透视

一、透视的分类

透视可以分为一点透视、两点透视和三点透视。三点透视的难度最大，较少使用，一般主要使用一点透视和两点透视。此外在中国画中还使用散点透视。散点透视也叫多点透视，即不同物体有不同的消失点，方便绘制长画幅的画。这种透视法虽然在中国画中比较常见，但马克笔绘图不提倡使用这种透视方法。

1.一点透视

一点透视也叫水平透视。一点透视在画面中只有一个灭点，与画面平行的线保持原有特征，与画面垂直的线消失于同一点。透视作图相对较为容易，但其反映的信息量较为单薄。灭点也叫消失点，一般透视法中，空间里的平行线，如果不与视觉平面平行，它们必须在极远处某一点上聚合，就是灭点。

一点透视可用距点法求得，此法非常简明扼要，一旦熟悉其方法原理，可以极其快捷地求出一点透视。画室内、庭院和两边有较高建筑物的街景常用一点透视。

一点透视　红色点就是灭点

作者：钟岚　一点透视

作者：钟岚　一点透视

作者：钟岚　一点透视

作者：钟岚　一点透视

作者：钟岚　一点透视

作者：钟岚　一点透视

2. 两点透视

两点透视，又称为成角透视。在画面中有两个消失点，两组相互垂直的水平线与画面透视相交，有两个灭点。两点透视符合平时的视觉观感，能较多地反映出建筑的形体关系，易于细部的刻画及突出重点。尽管在透视求法上较一点透视稍微复杂一些，但由于它在视觉上显得更真实，表现力强，所以常常被使用。K线法求两点透视比较简单。

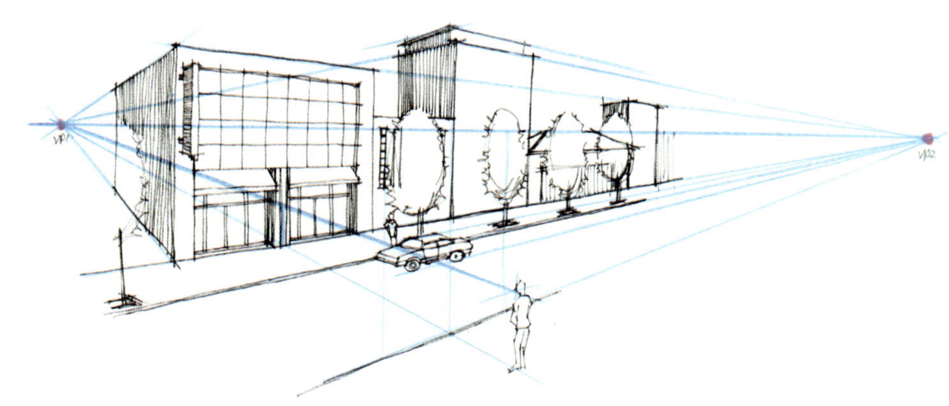

两点透视　两个红色点都是灭点

作者：傅昕　两点透视

作者：陈文光　两点透视

作者：钟岚　两点透视

作者：钟岚　两点透视

两点透视中有一种情况比较特殊，它的一个透视点在画面中，但另一个消失点却消失在极远处。这时它看起来很像一点透视，但却没有一条边与画面平行。这种透视也叫一点斜透视。可以从一点透视的画法中推导出来。

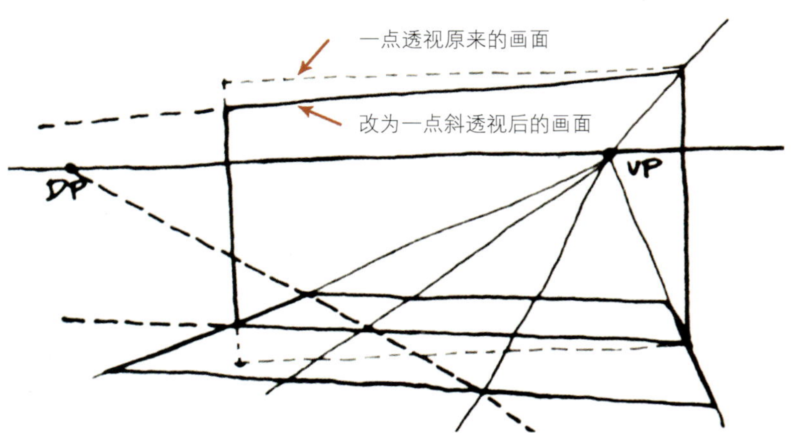

一点透视改变为一点斜透视

作者：钟岚　一点斜透视

作者：钟岚　一点斜透视

作者：钟岚　一点斜透视

作者：钟岚　一点斜透视

作者：钟岚　一点斜透视

作者：钟岚　一点斜透视

作者：钟岚　一点斜透视

3.三点透视

三点透视一般用于超高层建筑，俯瞰图或仰视图。有三个消失点，第三个消失点必须和画面保持垂直的主视线，使其和视角的二等分线保持一致。

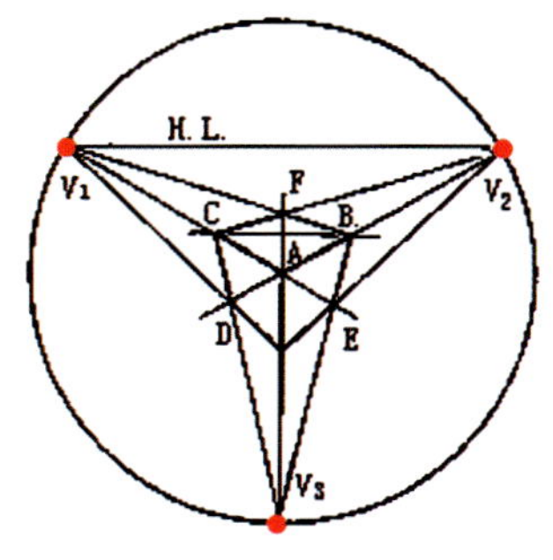

三点透视　三个红色点都是灭点

作者：钟岚　三点透视

作者：陈哲蔚　三点透视

二、简单的透视小技巧

1.归纳法

复杂的形体均可归纳成为一些基本形体，如球体、柱体、锥体、方体的组合。在刻画时应采用以方代圆的方法，然后对基本形体进行加工可得到相应的造型。至于细部的描绘可参照立面的画划分层数的方法，通过阴影刻画其体积。

2.从单面推导出立体

在快速表现中，体块强的物体的透视画可以用从单面推导出立体的画法画出。比如说画车就可以先按透视原理作出车立面。再以透视灭点为基准，作车身体块的透视线。然后凭感觉大致定出车的厚度。最后再勾勒出车细部的透视。

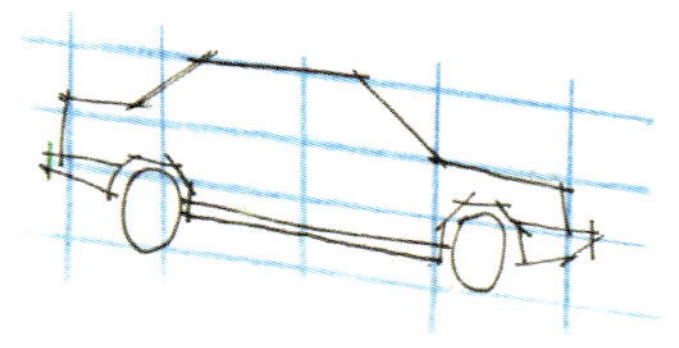

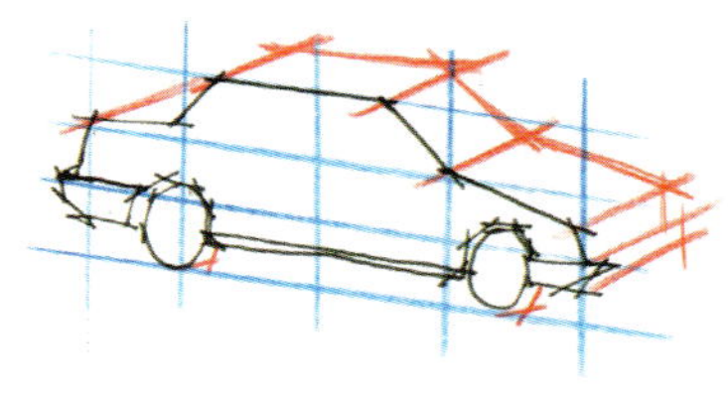

从车的立面推导出立体车

3.简单的等分方法

竖向等分的时候，如画街道上的行路灯，不一定要找齐所有透视线。只要确定前两个的长度，就可以连接终点与灭点，找到等距的等分线。平面上也可以通过连接角点，划分出等大的正方形。

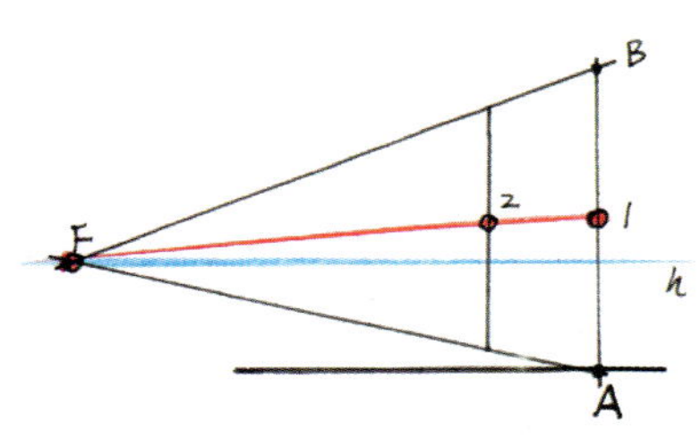

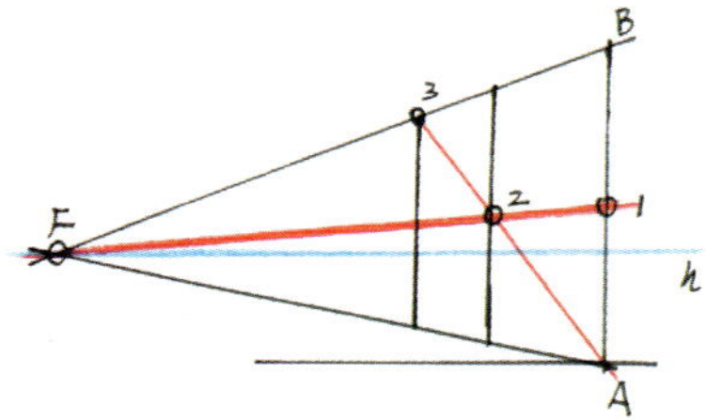

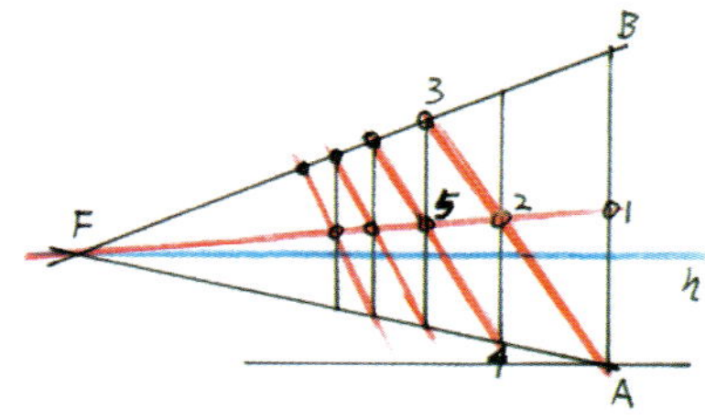

作竖向连续等大的矩形

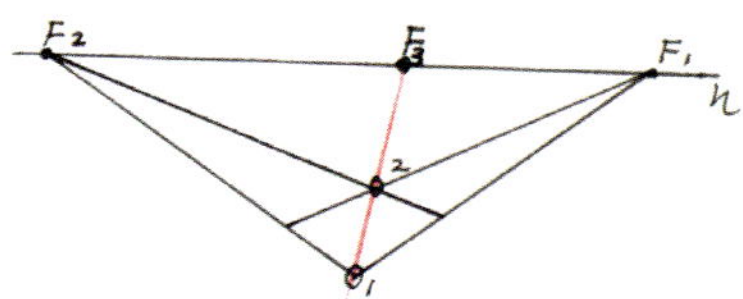

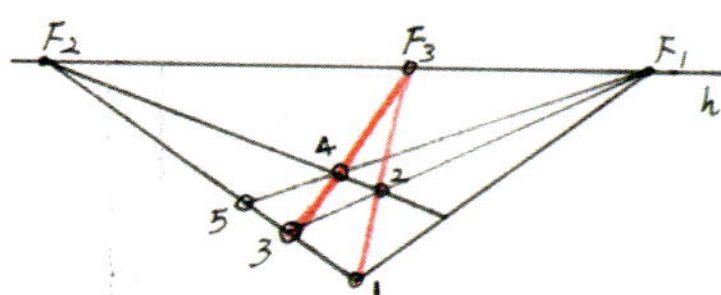

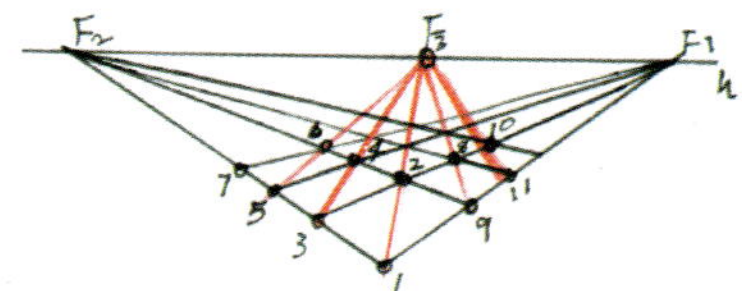

作水平向连续等大的矩形

4.配景的透视准则

所有的配景都应遵从透视灭点关系，否则画面看起来就会出现上翻、下翘，有损画面透视效果的配景败笔。比如说以正常人的视角画的效果图上，所有同一平面上的人物眼睛都基本在同一水平线上。

同一平面上的人物眼睛都基本在同一水平线上

三、轴测图

轴测图是一种单面投影图，在一个投影面上能同时反映出物体三个坐标面的形状，并接近于人们的视觉习惯，形象逼真，富有立体感。但是轴测图一般不能反映出物体各表面的实形，因而度量性差，同时作图较复杂。可以将之当做一种没有近大远小的透视感的立体图，常用于绘制机械，与三视图对应使用。一些环艺和产品专业的入学考试也会考到。

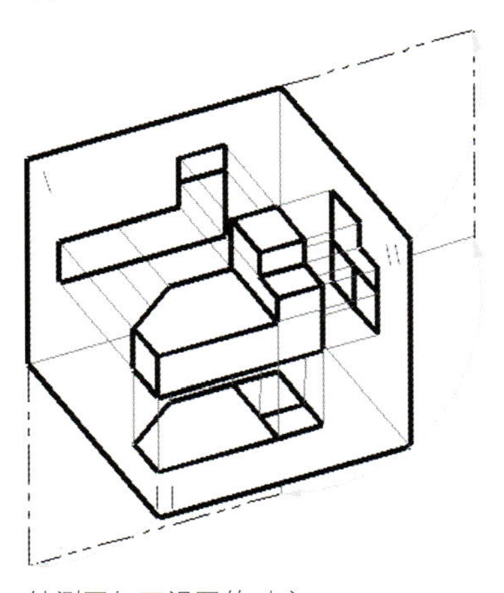

轴测图与三视图的对应

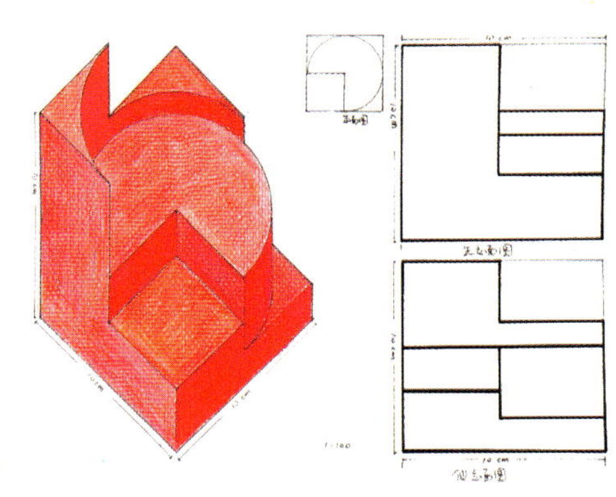

美术高考中轴测图的应用

作者：陈哲蔚　社区景观轴测图

第三章

马克笔园林景观设计手绘表现的配景练习

第一节　园林植物配景

一、乔木与灌木的表现

在马克笔园林景观的绘制中，植物是非常重要的一环。它的好坏往往决定了一幅园林景观马克笔作品的成败。其中树是比较有代表性的一环，在教学过程中学生就经常反映立体的树是最难画的。

要想画好树要大致了解树的形态特征。马克笔绘画中树大致可分为乔木和灌木；前景树和背景树；以干为主的树和以叶为主的树。建议初学者可以每一种找一个模板临摹默写，以后就可以搭配使用了。绘画时不必追求具体绘制的是哪一种植物，但要把握住几种常用树的大体特征。

1.乔木的画法

（1）一般乔木

绘制马克笔画时，用得最多的是带叶乔木。也就是比较高大，塔状的带叶树。画这种树的树冠不要盯着一片片叶子画，可以将整个树冠看做一个整体。通用的画法是用比较浅的绿按球状点涂三分之二，再用深绿强调一下暗部。注意留白的部分是非常重要的。如果整棵树都满涂了，会显得画面沉闷。最好在马克笔画完后再用水粉或其他可覆盖颜料提一些亮点。

带叶乔木

作者：钟岚　带叶乔木

落叶乔木

带叶乔木

带叶乔木

作者：邹紫媚　带叶乔木

（2）棕榈植物

棕榈植物的画法比较特殊，并且适宜在表现南方地域特色的图中出现。近景的棕榈植物最好参照图集绘制，要注意叶子中心发散的形态，针状的叶片可在勾骨线时勾画得细致一些。着重勾出前面几片，后面的叶片可以画得放松些。上色时可不留白，用马克笔的细头拉线条。

棕榈植物

(3) 松树杉树

松树的树形也比较有特色，它的主干明确，树枝平行错落。叶子为针状。

松树

作者：钟岚　雪松

杉树

作者：邹紫媚　杉树

（4）竹子和姜科植物

竹子和芭蕉是中国古典园林中常用的植物，也应熟练掌握。竹子的叶片像凤爪，芭蕉的叶片有分裂。要把握这种特征。

2. 灌木的画法

灌木的画法比较简单，主要是成几何形的树篱和自由灌木。简单勾边后和画树冠一样用笔即可。

灌木

作者：钟岚　灌木

二、草地的表现

通常用深浅两色马克笔顺地势表现。靠近纸边的地方笔画减少，颜色减淡。可以排出长线条也可以用点状笔触。在树下的草地可加深强调阴影。

作者：钟岚　草地　马克笔笔尖垂直竖放，连续画点。

草地

睡莲

作者：钟岚　俯视的草地 排线画出修剪感。

三、花卉的表现

除非一些需要绘制在前景作为点睛之笔的特殊花卉，其他的都可以用统一画法带过。类似于画灌木，只是颜色做一些调整。

作者：钟岚　灌木与花卉

头球菊

花丛

盆花

窗台花丛

作者：钟岚　花树

四、植物组合

很多时候画园林景观都是在画各种植物组合。

作者：钟岚

作者：钟岚

作者：钟岚

作者：钟岚

作者：钟岚

作者：钟岚

第二节　人、车辆、船配景

人物在画面处理上可做点睛之用，也可以简略带过；可以画得具象，也可以是抽象人物；可以浓墨重彩，也可以是留白的轮廓。人物动态可坐可卧。但无论如何，比例关系一定要正确。人物高度一般在1.6～1.8米之间。低于树冠。人眼一般与视平线等高。

因为可后期处理，所以画人物可以根据照片或图集准备一批人物长期使用。初学者如果画不好比较具象的人物，可以学习抽象人物的画法，也别有一番画味。

抽象人物

人物

车也是常用的配景。车画得好可以让画面更丰富。一般来说小轿车出现得最多，画车最好画平视的立面，看起来最舒服最易画。但有时为了配合画面也要掌握车的不同角度的画法。

车

车

车

船出现得较少，掌握一二即可。

第三节　铺装地面、水景、天空、山石配景

一、地面的画法

不反光的硬质地面可以水平运笔或是以小角度来回画斜线，靠近纸边则减少线条。若是反光强的地面，马克笔则可以多用垂直排线。花岗岩和鹅卵石地面可用彩铅辅助绘制。墙面的画法类似地面。比较粗糙的材质可以用马克笔细头点画。

停车场等镶嵌草地的铺地，草地缝隙用接近的草地颜色勾边绘制，硬质部分也整体绘制，不要分太多颜色。

画台阶要明暗分明，亮部不上色都可。一般都是阶面（水平面）为亮部，垂直面为暗部。

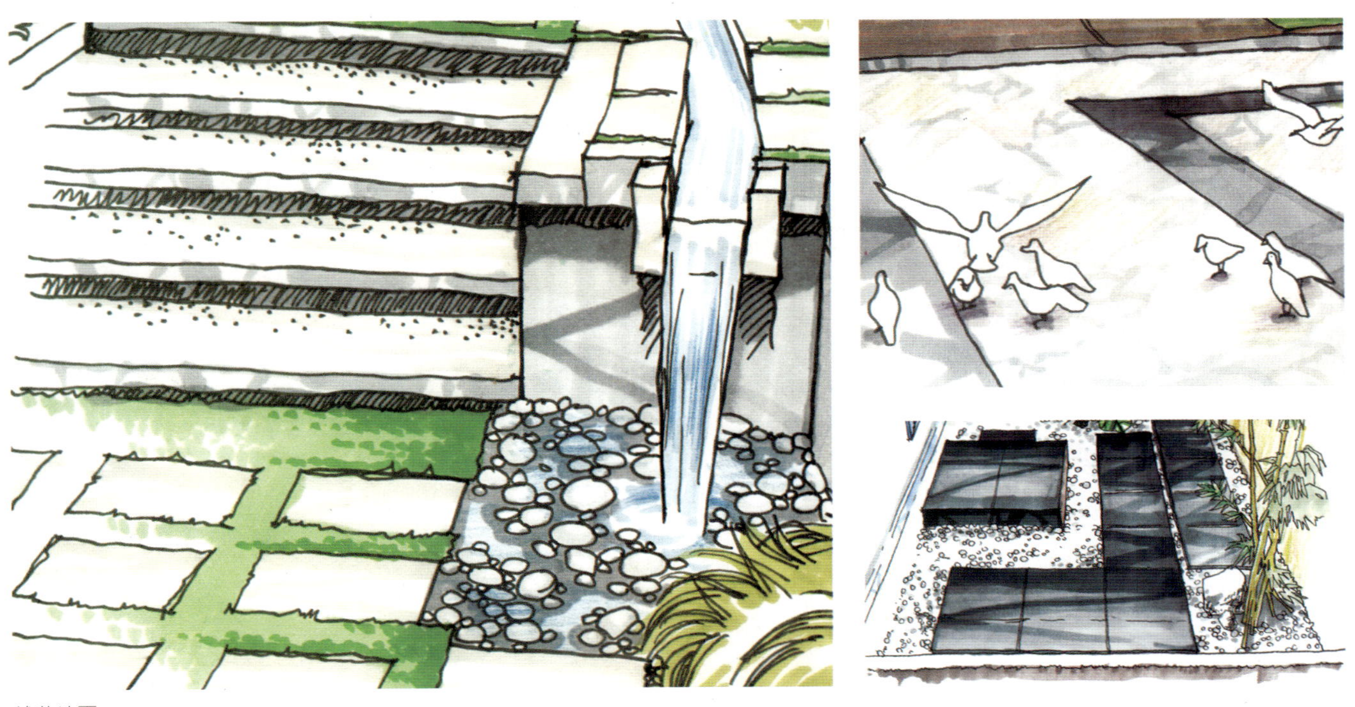

铺装地面

二、水面的画法

水面也是很重要的景观元素。池面和大面积水面都可以沿岸边用浅蓝色马克笔大面积水平运笔，远离水岸和靠近纸边处留白。再用稍深的马克笔水平勾画水波。细节处辅以蓝、紫色彩铅。有时也会加一些补色倒影，但初学者可以简化倒影。

为求画面色调统一也可以用BG灰画水面，稍加蓝色彩铅点缀。流动的水要靠笔触来表达，笔触之间要留白。

水　靠岸的颜色深，靠近纸边留白。

水　垂落的水上用白笔画垂线，并点一些水花。

滨水景观　河水

作者：邹紫媚

作者：钟岚　亲水平台

作者：钟岚　亲水平台

作者：钟岚　亲水平台

作者：钟岚　亲水平台

作者：钟岚　亲水平台

作者：钟岚　水中步道

作者：钟岚　水中步道

作者：钟岚　水中步道

作者：钟岚　水渠

作者：钟岚　水渠

作者：钟岚　海边风情

三、天空的画法

天空可大量留白，或用彩铅、彩粉简单带过。排线功底好的可画一些云彩。一般都是画晴天，有时可以画晚霞效果。天空不用着墨太多反而宜衬托出较好的整体效果。

四、山石的画法

用马克笔表现石头很容易出效果，只要注意将它的受光面和背光面的距离拉大就可以。近景的石块还要表现一定的表面质感。如石材纹理、孔隙、杂草青苔等。也不要各个都精雕细琢，也是画几块为代表，后面的虚化。

石

第四节　其他园林配景的表现技法（灯、凳、椅、栏杆、指示牌、雕塑等）

园林设计中灯的作用是照明，设计精美的园林灯也可以成为园林景观的点睛之笔。园灯一般有灯头、灯杆和灯座三部分。常用不锈钢、铸铁管等材料组成，画面上常以黑灰色处理，灯泡处可用彩铅绘制光线。

灯

园林中的凳和坐椅主要设置在人们游览园林时需要休息的地方。一般在道路边缘和树荫下。园凳和园椅的造型和材料很多样。绘画设计时常选可以和树木形成互补的颜色，如木头的黄褐色。

石椅子

与花坛结合的木面椅子

木面与玻璃支撑椅子

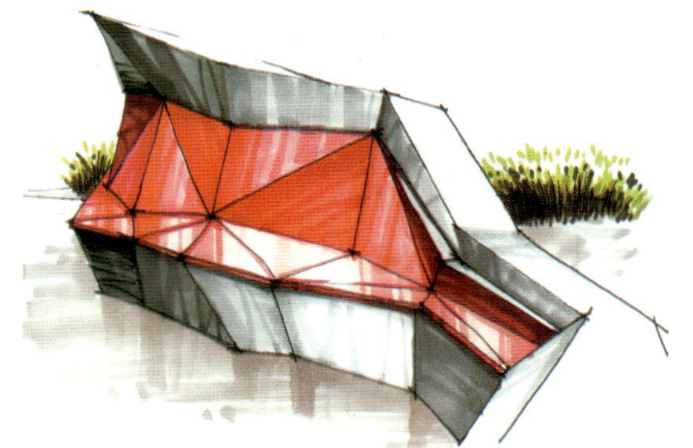

有雕塑感的现代造型椅

作者：钟岚　庭院中的躺椅

作者：钟岚　椅子与花坛结合并附有雕塑感

作者：钟岚　椅子与花坛相结合

作者：钟岚　椅子与花坛相结合

花坛

花坛是栽植观赏植物的园林设施。按其形态可分为立体花坛和平面花坛两类。常用石、木等材质。

作者：江涛　花坛与树木围合的休闲区

作者：钟岚　花坛

作者：钟岚　花坛与铺地结合

栏杆在园林中起分隔防护作用。金属、石质、木制都有。黑灰色处理为多。

栏杆

作者：钟岚　楼梯与栏杆

园林雕塑在园林中供人观赏，常常起点睛作用。园林雕塑材质多样，造型富有艺术色彩，抽象具象皆有。有些园林雕塑还附有实用功能，是设计上的亮点。马克笔善于表现比较抽象的现代雕塑，古典具象雕塑应大块面处理。

几何式园林雕塑

几何式园林雕塑　马克笔能很好地表现出体积感

庭院流水雕塑

金属质感雕塑　绘制时要强调明暗交界线

作者：钟岚　广场雕塑

反光感很强的滨水雕塑
马克笔绘制时要顺着它
的体感画

景观小品，一些小的景观组合能形成别有情趣的空间。

作者：钟岚　景观小品

作者：钟岚　景观小品

作者：钟岚　景观小品

作者：钟岚　景观小品　围墙落水与坐椅组成的空间

作者：邹紫媚　景观小品

作者：王向军　景观小品

想要提高马克笔配景绘制的水品，一定要多画多练，练习的本身也是在收集素材，拓宽设计思路。平时可以随身准备一个速写本，看到什么就画什么。

第五节　园林建筑及其细部

园林景观虽然常以植物景观为主，但也应掌握一些建筑的画法。尤其是传统园林建筑的画法。

景观廊是园林常用的建筑，可以体现出不同的设计风格。

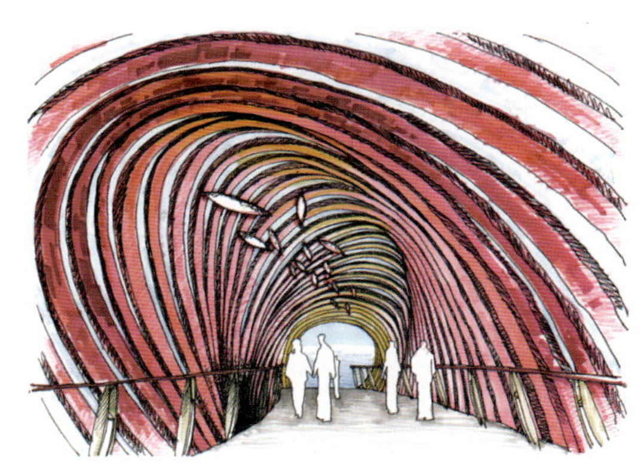

作者：钟岚　景观廊

作者：钟岚　景观廊

作者：钟岚　景观廊

作者：钟岚　景观亭

作者：钟岚　景观亭

作者：钟岚　景观亭

作者：钟岚　景观亭

作者：钟岚　景观廊与亭

作者：钟岚　景观门

作者：钟岚　景观门

作者：王向军　门

作者：凌德欣　塔

作者：凌德欣　塔

作者：凌德欣　塔

作者：凌德欣　塔

作者：钟岚 景观桥

作者：钟岚 景观桥

作者：钟岚 景观桥

作者：钟岚　景观廊桥

作者：钟岚　景观廊桥（拙政园小飞虹）

现代建筑外景

作者：陈文光

作者：陈文光

作者：陈文光

作者：陈文光

作者：钟岚

作者：钟岚

第六节　园林平面图、立面图、剖面图的表现

平面、立面图、剖面图多用于设计表达。园林平面图一般都有常用图例。画园林平面设计图要将草地和各种不同的树种的颜色分开，同时强调投影和明暗关系。需要的话可以带上标尺和设计说明。

园林植物平立面

园林平面

园林平面

庭院平面

园林建筑立面

作者：杨超　园林植物平立面

作者：江涛　广场剖面

作者：江涛　广场剖面

作者：江涛　建筑立面

第四章

马克笔园林景观表现技法与步骤

第一节 草图

初学绘制马克笔画，草图阶段主要解决两个问题：构图和色调。构图是一幅渲染图成功的基础，构图不重视的话，画到一半会发现毛病越来越多。构图上首先需要注意透视关系正确。其次要确定主体，形成视觉中心。并且还要注意各物体之间的比例关系，及配景和主体的比重等。构图有了把握，可以把心中拟定的颜色分布于图面，也可以用画小稿的方式确定色调。

要完成草图阶段的两项任务，在设计构思成熟后，可以用铅笔或者用浅色彩铅起稿，再用钢笔把骨线勾勒出来。这时起的草稿不一定就在最终的稿纸上，可以先随手画，在图上修改也可以，画完再拷贝到正稿上。这种要拷贝的草图可以直接用钢笔起稿，甚至还可以铺上大的色调。

有些作者非常反对用铅笔起稿，反对求透视，提倡线条的一气呵成。这种要求适用于造型基础非常好的人。但我在教学过程中发现，大部分学生都不可能达到这种要求，勉强作画造型就完全畸形。初学者要画透视感很强的图还是简要地勾一下透视线为好。熟练以后再尝试脱手画。

如果是要表现比较完整的效果的马克笔画，甚至可以使用电脑辅助求出透视，这种方式更适用于建筑和大场景的绘制。

园林景观相对来说透视影响较小，更适宜于快速脱手。但如果出现大的透视错误，仍会严重影响画面效果。

第二节 绘制墨线稿

在用黑勾线笔描绘前，要清楚准备把哪一部分作为重点表现，然后从这一部分着手刻画。一般这个重点都选择画面中心或画面前部。可以用交叉线条强调重点物体的暗部，并可以按物体特点排线，适当将肌理、纹路、质感表现出来。视觉重心刻画完后，开始拉伸空间，虚化远景及其他位置，完成后把配景及小饰品点缀到位，进一步调整画面的线和面，打破画面生硬感觉。

园林树木、古建、景观小品都宜用徒手勾画钢笔骨线，线条轻松自然，效果反而好。如果是直线很多的现代建筑，也可以适当地使用尺规。也就是大的结构线可以借助于工具，小的结构线尽量直接勾画。

作者：江涛 徒手勾画的骨线

徒手勾骨线的时候要放得开，不要拘谨，只要大的透视比例正确，允许出现错误，因为马克笔上色时可以帮你盖掉一些出现的错误。在运线的过程中要注意力度，一般在起笔和收笔时的力度要大，在中间运行过程中，力度要轻一点，这样的线有力度有飘逸感。

如果场景比较大，前景景观可以用粗一点的针管笔，如笔尖直径0.4、0.3的。背景则换细一些的针管笔，如笔尖直径0.1的。注意笔头的消耗，出现出水不畅和变形的情况尽快换笔，不要勉强使用。开始的时候可以多尝试一下用不同的笔勾墨线，看看哪种感觉更适合自己。

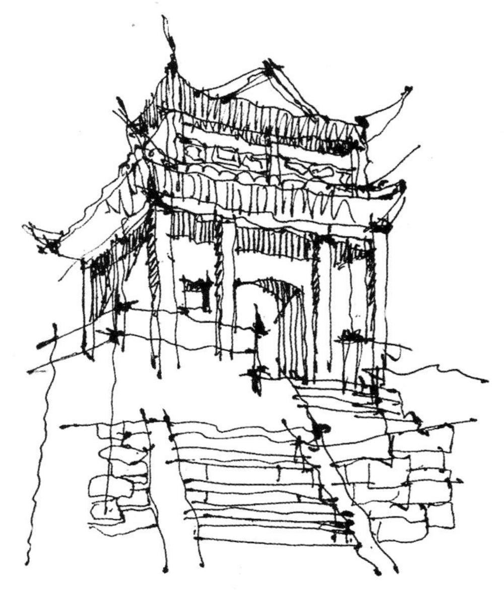

作者：江涛　钢笔勾线

作者：江涛　炭笔勾线

作者：邹紫媚　针管笔勾线

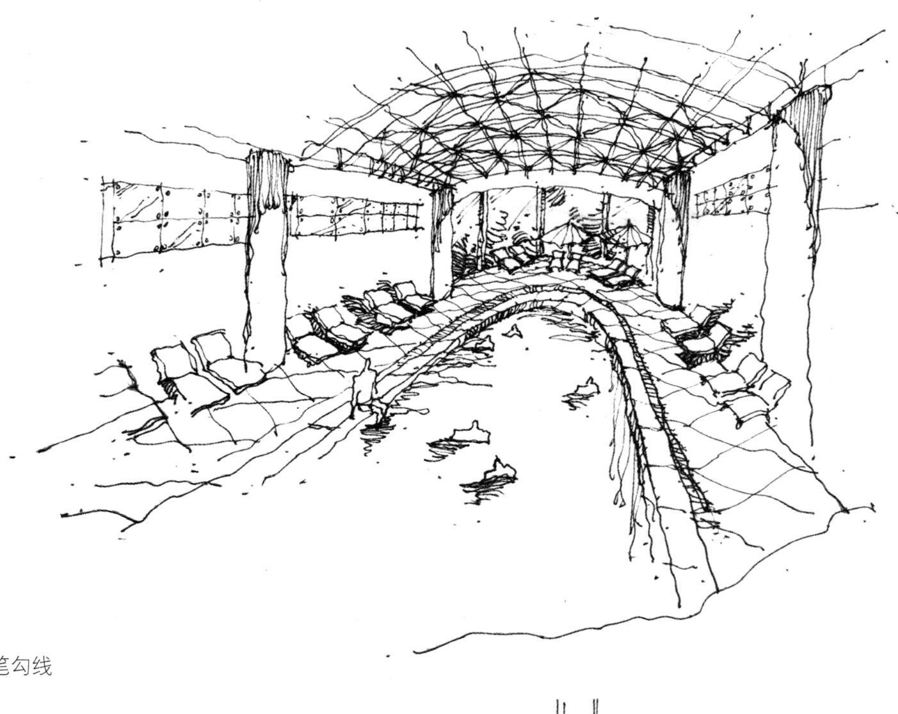

作者：邹紫媚　针管笔勾线

作者：钟岚　针管笔勾骨线

第三节　马克笔上色

墨线稿绘制完成再上马克笔，绘制时也是重点部位先画，刻画仔细。笔触细腻，叠加层次多。先考虑画面整体色调，再考虑局部色彩对比，甚至整体笔触的运用和细部笔触的变化。做到心中有数再动手，详细刻画，注意物体的质感表现、光影表现。还有笔触的变化，不要平涂，由浅到深刻画，注意虚实变化，尽量不让色彩渗出物体轮廓线。马克笔也是要放开，要敢画，要不然画出来很小气，没有张力。

要保持马克笔的出水流畅，出水不流畅的笔，很可能颜色涂到一半没水了。有些干的笔也不要丢，放在另一处区分开来保存，在画特殊质感的时候可以用。

用硫酸纸作画的图片，可以把颜色上在背面，这样颜色看起来很均匀，也不会破坏墨线。但整体色调会比较淡雅。

第四节　细部刻画

这一阶段可以配合其他工具，常用的有彩铅、彩粉、白笔、涂改液等。马克笔可换到细头来画。

彩铅能对整个画面的协调都起到一个很大的作用，包括远景的融合，灯管的表达特殊材质的刻画。一些画错弄脏的地方可以用涂改液修改，也可以加上高光，经过这种修饰，会使画面看起来更厚实。一些比较直的地板分割可以用白笔勾画，使画面显得更为精细。

第五节　后期处理

调整画面平衡度和疏密关系，注意物体色彩的变化，把环境色彩考虑进去，进一步加强因着色而模糊的结构线，用修正液修改错误的结构线和渗出轮廓的色彩，同时提亮物体的高光点和光源的发光点。

因为马克笔易变色褪色的问题，修整完后应尽快进行扫描和电脑后期处理。原稿要避光保存。电脑处理一般用Adobe Photoshop进行，要调整色阶或亮度对比度。一般要把图的底色基本调整为白色。因为加大对比度后颜色会比扫描时的鲜艳，可以适当再降低一些纯度。如果画面不够明快可用自动对比度进行调整。

第六节　马克笔手绘步骤案例

案例一：

步骤一：

勾好墨线。

步骤二：

从浅色开始上色，这幅画植物占的比例比较多，先平铺浅绿色（174或175）。注意树的上部要留白，越到纸边用笔越少。

步骤三：

用深一些的绿色靠下部再铺一遍绿色（48或47），然后再在树的底部和树枝露出的地方再加一些更深的灰绿色（43或151），花卉的部分如同画树叶一样加一些红黄色（28、9、33、37），蓝色（144配合彩铅）将水和天空一起画，注意言简意赅。画面中心位置用灰色（WG3、BG3）笔勾画一些细节。

步骤四：

勾画周边场景，铺上整体色调，注意不要用太跳的颜色。人物可以全部留白。画面中心需要加深的调子加深，细节勾画得更精细些。这样基本上就完成了，可以将图扫描到电脑里进行后期处理。

步骤五：

电脑处理后的完成效果。可以加强明暗对比度。一些有瑕疵的地方可以用橡皮修改掉。如有需要也可以调节色相或作其他处理。

步骤一

步骤二

步骤三

步骤四

步骤五

案例二：

有些图绿色植物不占主要部分，不必非从植物画起，可以从所占比例最重的颜色画起，同时注意以画面中心为重点。

步骤一：

用针管笔勾好墨线，暗部多画几笔强调体感。

步骤二：

将用得比较多的褐色和浅绿色平铺，前景和中心部位画出层次感做强调。

步骤三：

加深暗部。铺陈灰色部分。画出水面倒影部分。彩铅勾画细节。电脑后期处理。

步骤一　　步骤二

步骤三

案例三：

勾线功底差的，应在线稿上用笔简省，然后在上色时逐渐完善画面，深入细节。

步骤一：

简单地勾出骨线，植物的细节和轮廓都可以不画，只要将大的透视感和物体轮廓表现出来即可。如树只需画出树干和简单的几个枝丫，叶子直接用马克笔点。

步骤二：

从图像中心画起，将水和天空画好。用深、中、浅三种蓝色即可。可以选用蓝色的144、66、62这几号。

步骤三：

铺上植物的绿色，从浅色开始。画面四周全面铺开。注意把握树的外形。不必画得很深入。可以适当留白。

步骤四：

加入花草和建筑，把灰度的颜色都补上。

步骤五：

深入细节，用彩铅绘制过渡和细腻的笔触。全面调整画面，该加深的颜色加深，浅色可用修正液或白颜色提出。

步骤一

步骤二

步骤三

步骤四

步骤五

案例四：

画一些没有大透视的小场景，时间紧的时候可以先不勾线，在随意勾画的草图上直接上色。用颜色快速把场面撑起来，在局部加一些轮廓线收束一下就能很快得出效果，最后有时间可以提一点白，没有时间不加高光也不影响大效果。

案例五：

步骤一：

速写功底强的可以选择勾线为主的上色方式。勾线比较细致的图在勾线阶段也要分步骤，先拉透视，确定景物的大体比例和位置。这一步可以用铅笔或画在草稿纸上。

步骤二：

换到正式的稿子上，勾画物体的轮廓线，建筑实而树木虚。把握大体块。

步骤三：

勾画细部，强调阴影部分，前景觉得空的地方增加细节。

步骤四：

给景物上色，勾线已经很充分的画则上色不必着墨太多。

步骤一　步骤二　步骤三

步骤四

案例六：

勾线细致的图先勾大轮廓，再勾画细节，用线将明暗关系也画出来，最后上色，上色要薄，平涂就可以了。

步骤一

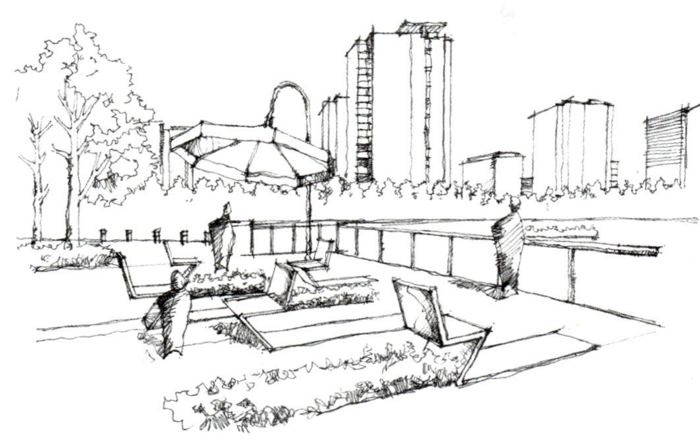

步骤二

步骤三

步骤四

第五章

马克笔园林景观作品赏析

第一节　现代园区景观

作者：陈哲蔚

赏析：设计时尚、色彩明快。勾线轻松，用色大胆，但前景中的小雕塑和阴影中彩铅绘制的斑驳变化又使画面不缺乏细节。树木阴影与草线交织出画面的透视与进深。环圈中的一点红色正集中了人从透视线延伸过来的视觉。人物的刻画简约而不失生动。

作者：钟岚

作者：钟岚
赏析：勾线细致，在勾线阶段就体现出了沙石地面和大石块垒叠的树坑。画面色调柔和，善于描绘灰色调中暖灰与冷灰的变化，整个灰色调中又有一些纯色点缀。树木绘制得很仔细，表现出了体感和叶片的颜色变化。

作者：许树贤

赏析：颜色明快，刻画细腻。石块铺地的质感、水的倒影、天空的云彩都用不同的排线方式表达。树木的绘制形态各异，用色有层次感。

作者：许树贤

作者：许树贤

作者：江涛

作者：钟岚

作者：邹紫媚

作者：邹紫媚

赏析：勾线功底非常深厚，即使使用针管笔都能表现出丰富的变化。马克笔与彩铅的结合非常到位，笔触潇洒，颜色变化丰富，过渡自然。

第二节　古典仿古园林景观

作者：钟岚

作者：钟岚

作者：钟岚

作者：钟岚

作者：钟岚

第三节　住宅区及庭院景观

作者：钟岚

赏析：景观的推进很有层次感。作为前景的花草绘制精细，中景的水池次之，远景的树木直接用马克笔画出大致的树形。

作者：钟岚

作者：钟岚

赏析：彩铅与马克笔混合使用使植物的描绘非常细腻，荷叶的翻卷感和草地的参差感都表现了出来。

作者：钟岚

第四节　室内绿化及阳台屋顶景观

作者：钟岚

作者：钟岚

作者：钟岚
门与顶棚组成了不完全的框景。

作者：钟岚

作者：钟岚

赏析：俯视的角度使整个构图别有一番情趣，格子墙转折面的阴影分阴阳上色，攀墙植物的绘制既丰富又不凌乱，并且暗示了一种向下的向心力。地板分隔绘制细致。

作者：钟岚

赏析：前景树叶的留白和上方弧形的攀爬架使得画面的构图非常有意思，并且使得画面中心更加集中

第五节　街道广场商业区景观

作者：钟岚

作者：钟岚

作者：钟岚

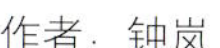

作者：钟岚

作者：钟岚

赏析：绘画的笔触是比较密实的平铺，明度本会比较平均，但空白出树干则打破了画面的沉闷。有时不画也能成为点睛之笔。马克笔上色时一定要先规划好哪些应该上色、哪些应该重点上色和哪些不该上色。实际上，知道哪里不画比知道哪里要多画更难。

作者：钟岚

作者：江涛
赏析：前景和背景可以留出墨线而不上色，使画面有进深感，主体更突出。

作者：江涛
赏析：勾线的用笔非常大胆生动，花坛上轻松的几点却能表现出材质的肌理。上色着墨不多但却恰到好处，色彩感觉很清爽，大面积的白却恰好显得画面中心绘制得很充分。画面明暗分明、响亮有力。

作者：王向军

作者：王向军

作者：王向军

赏析：用色纯粹大胆，勾线简约，马克笔的笔触狂放大胆。效果整体，不拘泥于写实而自成一种味道。

第六节　滨水景观

作者：钟岚

作者：钟岚

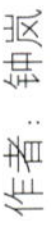

作者：钟岚

作者：钟岚

作者：陈哲蔚

作者：钟岚

第七节　建筑外景

作者：钟岚

赏析：大块面的颜色使画面很有体积感。水面、草地与水泥板块一样的整体处理倒也使画面的统一感更强。背景的天空渲染了晚霞的色彩。使用彩铅绘制，更容易画出色彩的衔接变化，也使画面多了笔触变化。

作者：钟岚

作者：陈文光

作者：陈文光